SITZUNGSBERICHTE DER SÄCHSISCHEN AKADEMIE
DER WISSENSCHAFTEN ZU LEIPZIG

Mathematisch-naturwissenschaftliche Klasse
Band 111 · Heft 1

WILHELM MAIER

VOM ERBE BERNHARD RIEMANNS

AKADEMIE-VERLAG · BERLIN
1975

Vorgetragen in der Sitzung am 14. Januar 1974
Manuskript eingeliefert am 11. Februar 1974
Druckfertig erklärt am 1. Dezember 1974

Erschienen im Akademie-Verlag, 108 Berlin, Leipziger Str. 3—4

Lizenznummer: 202 · 100/551/75
Gesamtherstellung: VEB Druckerei „Thomas Müntzer“, 582 Bad Langensalza
Bestellnummer: 762 102 3 (2027/111/1) · LSV 1005
Printed in GDR
EVP 2,50

Wenn die Unterhaltungsbeilage einer unserer Tageszeitungen vor sechs Jahrzehnten seine Leser auf die Existenz sogenannter RIEMANNscher Flächen hinzuweisen unternahm, dann hatte der Schreiber jener Zeilen anzunehmen, daß Name und Werk des Mathematikers RIEMANN nicht nur den Abiturienten der Oberschulen, Gymnasien wie Realschulen, fremd sei, sondern zumeist auch deren Lehrern. Ein Jahnzehnt später setzte sich ALBERT EINSTEINS Relativitätstheorie im Kreise der physikalisch interessierten Fachwelt durch und drohte, für Bildungshungrige zu einer Art von Modekrankheit zu werden, wobei sich auch das Schlagwort der RIEMANNschen Räume in die Tagesblätter der breiten Öffentlichkeit drängte. Nun können freilich die Schöpfungen einer Modeströmung, auch im geistigen Bereich, nicht auf lange Dauer ihrer Geltung rechnen. So bleibt zu fragen, ob die von BERNHARD RIEMANN geformten neuen Ideen im Bereich von Raum und Zahl sich als Werte von säkularer Bedeutung ausgewiesen haben? Wir wollen uns zunächst der Entwicklung von RIEMANNS geometrischen Anschauungen zuwenden.

Der 1826 in einem niedersächsischen Pfarrhaus geborene BERNHARD RIEMANN wuchs in bescheidenen Verhältnissen auf; bei zarter Gesundheit blieben ihm nur vier Jahrzehnte eines Lebens, dessen Streben ganz nach innen gerichtet war. Die von ihm in so kurzer Zeitspanne entwickelten Ideen gehören, wie die Philosophen sagen, zu solchen, die auf Taubenfüßen die Welt regieren.

An der durch W. VON HUMBOLDT ins Leben gerufenen Berliner Universität wirkten damals Philosophen, Physiker und Mathematiker von Format. Die Vorlesungen von Forschern wie HERBART und C. G. JACOBI insbesondere wurden für den Studenten RIEMANN richtungweisend; an der Göttinger Universität lehrten damals C. F. GAUSS und L. DIRICHLET und bei ihnen wurde RIEMANNS fachliche Ausbildung abgeschlossen. Übrigens scheint die Enge der damaligen Kleinstaaten in Deutschland einen Wechsel des Studienortes wenig behindert zu haben; es war ja auch der Berliner Professor DIRICHLET nach Göttingen berufen worden.

In Frankreich wurde seit dem Beginn des 19. Jahrhunderts durch S. LAPLACE der Begriff von Potentialfunktionen benutzt, um die Theorie räumlicher Vektorfelder zu vereinfachen. Ziemlich früh mag sich der junge Mathematiker RIEMANN schon Gedanken gemacht haben über

Strömungen, welche den Erscheinungen von Licht und Schwere zugeordnet werden könnten. Die Betrachtung von Raumpotentialen $u(x, y, z)$ als Lösung der partiellen Differentialgleichung

$$\Delta u = 0\,, \quad \Delta = \frac{\partial^2}{\partial x^2} + \frac{\partial^2}{\partial y^2} + \frac{\partial^2}{\partial z^2}$$

erlaubt, von den gleichberechtigten kartesischen Koordinaten zum Sonderfall der Zylindersymmetrie überzugehen. Die Unabhängigkeit von z und der Zerfall des Operators

$$\frac{\partial^2}{\partial x^2} + \frac{\partial^2}{\partial y^2} = \left(\frac{\partial}{\partial x} - \mathrm{i}\frac{\partial}{\partial y}\right)\left(\frac{\partial}{\partial x} + \mathrm{i}\frac{\partial}{\partial y}\right)$$

liefert für die ebenen Potentiale ein Paar von Differentialgleichungen erster Ordnung in $\{x, y\}$. Unter den hyperkomplexen Größen nehmen diejenigen mit nur 2gliedriger Basis eine Sonderstellung ein; die Verschmelzung reeller Bestandteile x, y zur komplexen Größe

$$x + \mathrm{i}y = z\,, \quad \mathrm{i} = \sqrt{-1} \tag{1}$$

erlaubt für $z \neq 0$ die eindeutige Bildung des Kehrwertes $1/z$. Die Rechengesetze der so geschaffenen komplexen Größen erweisen sich als besonders einfach. Ist nun $\mathfrak{G}$ gegeben als zusammenhängendes Gebiet der z-Ebene, so erweist sich die Bedingung eindeutiger Differenzierbarkeit nach z in der Gestalt

$$\left(\frac{\partial}{\partial x} + \mathrm{i}\frac{\partial}{\partial y}\right) w = 0\,, \quad z \in \mathfrak{G}\,, \tag{2}$$

als das gemeinsame Merkmal aller analytischen Abhängigkeiten $w(z)$. Es gilt durch zusätzliche Merkmale, etwa in Punkten $z \notin \mathfrak{G}$, die Kennzeichnung jeder besonderen analytischen Funktion durchzuführen.

Dieses in RIEMANNS Doktorarbeit angedeutete Programm einer begrifflichen Grundlegung für das System aller $w(z)$ hat bis heute noch keine abschließende Behandlung gefunden. Doch bleiben, an ihm gemessen, ähnliche Versuche systematischer Art entweder wie die Kurventheorie, dem Anschaulichen verhaftet, oder durch gehäufte Rechenprozesse im Formalen stecken.

Als einfaches Beispiel für die Kennzeichnung analytischer Transzendenten aus inneren Eigenschaften greifen wir die trigonometrische Cotangensfunktion heraus. Hier ist (2) zu beanspruchen in der vielfach punktierten Größenebene mit

$$\mathfrak{G} = \{z \neq 0\,,\ \pm 1, \pm 2\}$$

Als zusätzliche Merkmale wählen wir etwa die Periodizität

$$w(z) = w(z + 1)\,, \quad z \in \mathfrak{G}$$

in Verbindung mit Betragsschranken

$$w(z) = z^{-1} + O(z)\,, \quad z \in \mathfrak{G}'\,, \quad \mathfrak{G}' = \left\{z \neq 0,\ x^2 < \frac{1}{4}\,, y < \infty\right\}.$$

Durch Integration von (2) folgt dann unmittelbar $w(z) = \pi \cot(\pi z)$. Eine etwas weiter führende Anwendung von (2) bietet sich bei der Betrachtung ebener Potentialströmungen, die mit skalaren Produkten $\mathfrak{e}_\mu \cdot \mathfrak{e}_\nu = \delta_{\mu\nu}$; $\mu, \nu = 1, 2$, dem Ortsvektor $\mathfrak{r} = \mathfrak{e}_1 g_1 + \mathfrak{e}_2 g_2$ gewisse Differentialinvarianten wie grad, rot, div zuordnen. So liefert eine differenzierbare Ortsfunktion φ mit totalem Differential

$$\mathrm{d}\varphi = \mathrm{d}x \frac{\partial \varphi}{\partial x} + \mathrm{d}y \frac{\partial \varphi}{\partial y} \tag{3}$$

durch Gradientenbildung ein Vektorfeld $\operatorname{grad} \varphi = \mathfrak{e}_1 g_1 + \mathfrak{e}_2 g_2$. Ändert φ beim Durchlaufen eines geschlossenen Weges seinen Wert nicht, so wird das Umlaufintegral

$$\oint \mathrm{d}\mathfrak{r}\, \mathfrak{g} = \oint \mathrm{d}x \frac{\partial \varphi}{\partial x} + \mathrm{d}y \frac{\partial \varphi}{\partial y} = 0\,. \tag{4}$$

Bildet man als lokale Eigenschaft eines Geschwindigkeitsfeldes die Differentialinvariante

$$\operatorname{rot} \mathfrak{g} = \frac{\partial g_2}{\partial x} - \frac{\partial g_1}{\partial y}$$

dann folgt aus (4)

$$\operatorname{rot}(\mathfrak{g}) = 0\,. \tag{4'}$$

Erklärt man als Seitenstück zu (3) die skalare Invariante $\frac{\partial g_1}{\partial x} + \frac{\partial g_2}{\partial y} = \operatorname{div} \mathfrak{g}$, so gilt allgemein $\operatorname{div} \mathfrak{g} = \Delta\varphi$. Geschwindigkeiten mit $\Delta\varphi = 0$ liefern Potentialfelder; diese genügen dem System

$$\operatorname{rot} \mathfrak{g} = \operatorname{div} \mathfrak{g} = 0\,. \tag{4''}$$

Erklärt man in Richtung der zugehörigen Schichtlinien $\varphi = c$ orthogonal zu $\mathfrak{g}$ das zugehörige „Nebenfeld" $\mathfrak{g}^* = -g_2\mathfrak{e}_1 + g_1\mathfrak{e}_2$, so wird

$$\mathfrak{g} \cdot \mathfrak{g}^* = 0\,, \qquad (\mathfrak{g}^*)^2 = \mathfrak{g}^2\,;$$

auch dieses erweist sich als ein Potentialfeld φ^*, wo $\mathfrak{g}^* = \operatorname{grad} \varphi^*$ sei. Durch Einführung der komplexen Geschwindigkeit $g_1 = i g_2 = w$ entsteht zunächst die Differentialform

$$\mathrm{d}z\, w = \mathrm{d}\mathfrak{r}\,(\mathfrak{g} + i\mathfrak{g}^*) = \mathrm{d}\varphi + i\,\mathrm{d}\varphi^*,$$

deren Integration mit geeignetem Anfangswert das zugehörige komplexe Potential ergibt:

$$\int \mathrm{d}z\, w = f\,;$$

mit $|\text{arc } w| < \pi$ erhält man schließlich

$$\varphi^* = i(\varphi - f) = \text{Im}\,(\int dz\, w)\,. \tag{5}$$

Die Stromlinien des vieldeutigen Potentiales $f = i \log(z)$ sind nach (5) geschlossene Bahnen, nämlich konzentrische Kreise einer um $z = 0$ wirbelnden Strömung. Aber auch eindeutige Potentiale, wie $f = z + \frac{1}{z}$, können geschlossene Bahnen liefern und damit einen Zerfall des Feldes, was dem Eintauchen starrer Profile in das Stromfeld entspricht. Im Fall einer reibungsfreien Flüssigkeit der Dichte ϱ war durch D. BERNOULLI der Druck $p(\mathfrak{r})$ im stationären Fall bestimmt worden; dabei ergibt die Energiebilanz $p = p_0 - \frac{\varrho}{2}\mathfrak{g}^2$, so daß p einen Größtwert im Staupunkt für $\mathfrak{g} = 0$ erreicht. Eine praktische Anwendung solcher Überlegungen gelang um die Jahrhundertwende, als die sich entwickelnde Flugtechnik sich bemühte, den Auftrieb eines Tragdecks im Windstrom festzustellen. Durch Randintegrationen gab sich als Wert des Auftriebes $a = \frac{\varrho}{2i}\oint dz\,w^2$.

Von der Dynamik reibungsloser Strömungen, wie sie sich an (2) anschließen lassen, gehen wir jetzt mit RIEMANN zu differentialgeometrischen Überlegungen über.

Wenn wir nach (2) die Existenz einer nicht schwindenden komplexen Ableitung fordern

$$\frac{dw}{dz} = \frac{\partial w}{\partial x} \neq 0\,, \tag{2'}$$

so entsprechen mit $\mu = 1, 2, 3$ den Nachbarpunkten z_μ auch benachbarte $w(z_\mu) = w_\mu$ der Bildebene. Dabei geht ein elementares Dreieck $\{z_\mu\}$ über in ein solches ähnlicher Gestalt der w-Ebene. Diese gebietsweise konforme und damit winkeltreue Abbildung bewirkt zunächst, daß ein Netz elementarer Quadratmaschen übergeht in ein ebensolches der anderen Ebene, wie es z. B. bei den Strom- und Schichtlinien der Potentiale φ und φ^* zutraf. Die in (2) geforderte Eigenschaft der Konformität verfolgen wir für die oben betrachtete Funktion $w = \pi \cot(\pi z)$ im Halbstreifen

$$\mathfrak{H} = \left\{0 < x < \frac{1}{2},\ 0 < y\right\};$$

als Randkurven wählen wir die Halbgerade $x = 0 < y$ und den geknickten Weg $y = 0 < x < \frac{1}{2}$ mit Weiterführung $x - \frac{1}{2} = 0 < y$. Die Forderung eindeutiger Existenz von z^{-1}, $|z| < 1$ gibt als wesentlichen Bestandteil der konformen Geometrie die Möglichkeit, den Abschluß der Größenebene zu bewirken durch nur einen Punkt, den Punkt ∞.

An Stelle eines größten Kreises $x^2 + y^2 = r^2$, $r \to \infty$ wird jetzt also die Existenz eines Fernpunktes $z = \infty$ gefordert. Damit kann der oben benutzte Halbstreifen als ein Nullwinkliges Kreisbogendreieck betrachtet werden; seine Winkel $\left\{\frac{\pi}{2}, \frac{\pi}{2}, 0\right\}$ liegen in Quell-, Stau- und Senkpunkten des Strömungsfeldes. Die Abbildung des Halbstreifens mittels $w(z) = u + iv$ liefert in der $\{u, v\}$-Ebene ebenfalls ein uneigentliches Dreieck, wobei $w = \infty$ als Ecke den Innenwinkel $\frac{\pi}{2}$ trägt. Die Randpunkte $w = 0$, ∞ entsprechen dem Staupunkt $z = \frac{1}{2}$ bzw. dem Quellpunkt $z = 0$ und bringen keine Störung der Konformität. Die bei $y = \infty$ liegende Senke des Stromfeldes aber führte zu einer komplexen Geschwindigkeit $w = -\pi i$, und öffnete den Nullwinkel der z-Ebene in einen gestreckten Winkel des $\{u, v\}$ Dreiecks.

Durch Betrachtungen der konformen Geometrie kann also die Einführung der trigonometrischen Grundfunktionen ebenfalls geleistet werden.

Zu sehr weittragenden Erfolgen unseres geometrischen Verfahrens führt die Untersuchung von mehrdeutigen analytischen Funktionen wie

$$w(z) = \sqrt{z}\,; \tag{6}$$

man betrachte etwa zunächst das Innengebiet des von rechts geschlitzten Einheitskreises $|z| < 1$, $0 < \operatorname{arc} z < 2\pi$. Wird der entstandene Sektor als Kreisbogendreieck mit Innenwinkel 2π verstanden, so ist der abgebildete Winkel auf $0 < \operatorname{arc} w < \pi$ verkleinert. Einen vollen Umlauf um den Bildpunkt $w = 0$ erreicht man erst durch Beanspruchung von zwei Blättern der z-Ebene als Träger der Funktionswerte $\pm\sqrt{z}$, und durch deren Verheftung längs $x > 0$. Eine doppelte Umkreisung von $z = 0$ auf der zweiblättrigen Fläche entspricht dann einem einfachen Umlauf um $w = 0$. Auf der nach $|z| > 1$ fortgesetzten Fläche ist nach (6) für $z \neq 0, \infty$ $w(z)$ umkehrbar eindeutig und konform abgebildet. In allgemeineren Fällen liefert der von RIEMANN geschaffene Begriff einer mehrblättrigen über der z-Ebene ausgebreiteten Verzweigungsfläche den Zugang zur Beherrschung vieldeutiger analytischer Funktionen.

Das Studium orientierbarer Manningfaltigkeiten wie der RIEMANNschen Flächen beansprucht die Benutzung weiterer topologischer Begriffe, etwa den des Zusammenhanges geschlossener Flächen, wie auch berandeter Flächenstücke. Als Flächen einfachen Zusammenhanges werden solche bezeichnet, die durch geschlossene Flächenkurven stets zerfallen; die Kugel als einfach zusammenhängende Fläche wird durch Aufsetzen von $(g + 1)$ Henkeln, $g = 0, 1 \ldots$, mehrfach zusammenhängend, und man bezeichnet g als das Geschlecht der betrachteten Fläche. Wenn ein Netz von Polygonen mit e Ecken, k Kanten und f Flächenstücke aus einer orientierbaren Manningfaltigkeit ausschneidet so zeigt sich g kombinierbar aus jenen drei Anzahlen. Es gilt nämlich unabhängig von allen Maßverhältnissen

$$e - k + f = 2 - g \tag{7}$$

als topologische Aussage, die für $g = 0$ schon durch L. EULER gefunden worden war. Die weitere Entwicklung zeigte die Verknüpfbarkeit von (7) mit potentialtheoretischen Begriffen. Zum Nachweis der Triangulierbarkeit offener RIEMANNscher Flächen möge ein doppelt berandetes Teilgebiet etwa als „Ring" bezeichnet werden; seine Ränder P_2; $l = 0, 1$ seien Träger fester Potentialwerte $\varphi = \varphi_l$. Auch hier wie in (5) verlaufen die durch $\mathfrak{g} = \operatorname{grad} \varphi \neq 0$ gegebenen Stromlinien vom höheren Potential ohne Knick nach $\varphi_0 < \varphi_l$. Mit $q > 1$ kann man für einen Staupunkt $(q-1)$-ter Ordnung das komplexe Potential nach einem lokalen Parameter t entwickeln

$$\varphi - i\varphi^* = f(t) = c_0 + c_, t q + \cdots,$$

wobei den einmündenden q Stromlinien ebensoviele vom Staupunkt auslaufende Wege entsprechen. Liegen im Ringgebiet n Staupunkte s_ν; $\nu = 1, 2, \ldots, n$ und bezeichnet $\omega(s_\nu) = \omega_\nu = q - 1$ die Ordnung eines Staupunktes, so gibt die Betrachtung eines Dreiecksnetzes durch Abzählung des gesamten Stauwertes

$$\sum_{\nu \leqq n} \omega_\nu = -e + k - f. \tag{8}$$

Die Ausscheidung der links in (7) erscheinenden alternierenden Summe gibt

$$g = 1 + \frac{1}{2} \sum_{\nu \leqq n} \omega_\nu. \tag{9}$$

Diese Zurückführung einer topologischen Flächeninvarianten auf potentialtheoretisch eingeführte Elemente ω_n hat zu Ende des 19. Jahrhunderts durch gruppentheoretische Überlegungen von H. POINCARÉ eine Weiterführung der Theorie RIEMANNscher Flächen eingeleitet.

Nimmt man nämlich aus der Fläche alle Verzeigungspunkte heraus und fragt dann nach dem System der möglichen geschlossenen, stetig verformbaren Wege, so stößt man auf gebietsberandende Umläufe, die sogenannten Zyklen. Aufgebaut aus Elementen $a, b, \ldots$ einer Abelschen Gruppe nimmt jeder Zyklus dann die Gesatlt $a^h b^l \ldots$ mit $h, l, \ldots \equiv 0 \pmod{1}$ an. Wird z. B. $w(z)$ als algebraischer Integrand eines elliptischen Integrales durch $w^2 = z^4 + 1$ bestimmt, so bleibt $g = 1$, und die Vieldeutigkeit des elliptischen Integrales $\int \frac{dz}{w}$ wird verständlich aus der zugehörigen sogenannten Homologiegruppe, deren Basis 2-gliedrig ist. Für algebraisches Integranden des Geschlechtes $g > 1$ wächst die Länge der Gruppenbasis. Zur Untersuchung der entstehenden Abelschen Integrale und ihrer Vieldeutigkeit mußte RIEMANN als neues Hilfsmittel periodische Funktionen von g Veränderlichen heranziehen; die Verfeinerung des algebraischen Unterbaues der Theorie führte weiterhin zur Einführung von nichtkommutativen Wegegruppen.

Damit verlassen wir den Bereich der analytischen Funktionen, wie er durch RIEMANN geformt worden war, um die Arbeiten unseres Autors im

Gebiet der Differentialgeometrie ins Auge zu fassen. Die Probevorlesung, welche der angehende Göttinger Dozent 1854 vor der Fakultät abzulegen hatte, behandelte das Thema „Über die Hypothesen, welche der Geometrie zu Grunde liegen". Zur Erinnerung an jenen bedeutsamen Habilitationsvortrag führte die Deutsche Akademie der Wissenschaften in Berlin 1954 ihre sogenannte RIEMANN-Tagung durch. Behandelt wurde dort der Begriff des Raumes in der Geometrie, um ein klassisches Problem unserer Wissenschaft mit den Ausdrucksmitteln des 20. Jahrhunderts wiedergegeben zu sehen.

Konnte einst entsprechend dem Vorgehen der klassichen Physik das Vorhandensein starrer Maßstäbe und geradliniger Lichtstrahlen ausreichend erscheinen, um die Vermessung unserer Außenwelt zu vollziehen, so brachte doch schon die Praxis der Geodäsie dafür auch innermathematische Gesichtspunkte zur Geltung. Es kann zwar eine Kugelfläche, eingebettet im dreidimensionalen Raum EUKLIDS, als Ort festen Abstandes von der Kugelmitte gedacht werden. Da uns der Erdmittelpunkt aber nicht zugänglich ist, mußten Verfahren entwickelt werden, gekrümmte Flächen zu vermessen, ohne den Einbettungsraum R_3 in Anspruch zu nehmen. Als „innere" Geometrie der Kugelfläche leistet die sphärische Trigonometrie den gewünschten Dienst, wenn es gilt, eine Landesvermessung durchzuführen.

Nun gewann der zunächst methodisch bedingte Verzicht einer Benutzung des Einbettungsraumes an Bedeutung, seitdem man erkannt hatte, daß die Bearbeitung der Theorie n-dimensionaler Räume mit $n > 3$ kein unnützes Spiel einseitiger Sonderlinge sei, sondern ein Gerüst von Begriffen, die zur Weiterführung exakten Wissens wesentlich sind. RIEMANNS differentialgeometrischer Ansatz konzentriert sich also auf die innere Geometrie eines gekrümmten R_n, wie sie für $n = 2$ durch GAUSS vorgebildet worden war. Benützt man das Entfernungsquadrat zwischen Nachbarpunkten und seinen Ausdruck in kartesischen Koordinaten des ungekrümmten R_3

$$(\mathrm{d}s)^2 = (\mathrm{d}x_1)^2 + (\mathrm{d}x_2)^2 + (\mathrm{d}x_3)^2 , \tag{10}$$

so fordert die Beschreibung gekrümmter Manningfaltigkeiten die Einführung geodätischer Koordinaten, welche längs kürzesten Linien zu bilden sind. Mit Ortsfunktionen $g_{\mu,\nu}(x_\mu, x_\nu)$ entsteht die quadratische Differentialform

$$(\mathrm{d}s)^2 = \sum_{\mu,\nu \leqq n} g_{\mu,\nu}\, \mathrm{d}x_\mu\, \mathrm{d}x_\nu , \qquad n = 2, 3, \ldots . \qquad (11$$

Die in jedem Koordinatenpaar symmetrischen Beiwerte $g_{\mu,\nu} = g_{\nu,\mu}$ können mit Hilfe des KRONECKERscher Symboles

$$\delta_{\mu,\nu} = 0, 1 \text{ je nachdem ob } \mu \neq \nu \quad \text{oder} \quad \mu = \nu$$

so zerlegt werden, daß die Abweichung der Mannigfaltigkeit von ihrem Tangentialraum in Erscheinung tritt. Von den Koordinaten x_α ausgehend, interessiert zunächst die Nachbarschaft des Punktes $x_\alpha = 0$; $\alpha = 1, \ldots, n$. Mit stetigen Beiwerten $c_{\mu,\nu;\alpha}$ und $c_{\mu,\nu;\alpha,\beta}$ entstehent für kleine $|x_\alpha|$

$$g_{\mu,\nu} = \delta_{\mu,\nu} + \sum_\alpha c_{\mu,\nu;\alpha} x_\alpha + \sum_{\alpha,\beta} c_{\mu,\nu;\alpha,\beta} x_\alpha x_\beta + \cdots .$$

Als zweite Näherung des elementaren Entfernungsquadrates findet man

$$\mathrm{d}s^2 = \sum_\mu (\mathrm{d}x_\mu)^2 + \sum_{\mu,\nu;\alpha,\beta} c_{\mu,\nu;\alpha,\beta} x_\alpha x_\beta \, \mathrm{d}x_\mu \mathrm{d}x_\nu + \cdots . \qquad (11')$$

Die Zeigersymmetrie der Beiwerte legt die Einführung von

$$R_{\alpha,\beta;\gamma,\delta} = c_{\alpha,\beta;\gamma,\delta} + c_{\beta,\delta;\alpha,\gamma} - c_{\alpha,\delta;\beta,\gamma} - c_{\beta,\gamma;\alpha,\delta} \qquad (12)$$

nahe; etwas vereinfacht wird so

$$-(\mathrm{d}s)^2 + \sum_\mu (\mathrm{d}x_\mu)^2 = \frac{3}{4} \sum_{\alpha,\beta,\gamma,\delta} (x_\alpha \mathrm{d}x_\beta - x_\beta \mathrm{d}x_\alpha)(x_\gamma \mathrm{d}x_\delta - x_\delta \mathrm{d}x_\gamma) R_{\alpha,\beta;\gamma,\delta} + \cdots$$

und die in (12) erklärten Komponenten R bestimmen das Krümmungsverhalten der Mannigfaltigkeit (11). Zwischen den Beiwerten $\{c\}$ in (11) bestehen übrigens lineare Abhängigkeiten, wie

$$c_{\beta,\gamma;\alpha,\delta} + c_{\gamma,\alpha;\beta,\delta} + c_{\alpha,\beta,\gamma,\delta} = 0 .$$

Der aus den Komponenten (12) aufgebaute RIEMANNsche Krümmungstensor $\{R_{\alpha,\beta;\gamma,\delta}\}$ läßt infolge seiner Symmetrie nur $\frac{n(n-1)}{2}$ unabhängige Komponenten zu [1]; so daß für $n = 2$ neben dem von GAUSS untersuchten biegungsinvarianten Krümmungsmaß keine zusätzliche Invariante möglich ist. Bleiben für $n > 2$ die sämtlichen Krümmungsmaße konstant, so vereinfacht sich die Mannigfaltigkeit zu einer solchen festen Krümmung. In einheitlicher Begriffsbildung werden damit jene Mannigfaltigkeiten gekennzeichnet, welche freie Beweglichkeit in sich zulassen. Die freie Beweglichkeit starrer Körper unserer Umwelt legt als „Raumproblem" die Frage nahe, ob die Beobachtungen der Astrophysik besser verstanden werden können aus der Annahme eines unendlichen R_3, oder aus der eines unbegrenzten geschlossenen, also endlichen Weltsystemes? Als Raum mit freier Beweglichkeit läßt unser Weltsystem dann noch immer die Möglichkeit negativer, verschwindender oder positiver Raumkrümmung zu.

Für Dimensionen $n \geqq 3$ war RIEMANN ausgegangen von definiten quadratischen Differentialformen, um gekrümmte Mannigfaltigkeiten durch ihre Tangentialräume zu approximieren. In der neueren Entwicklung der Theorie treten weitere algebraische Gesichtspunkte hinzu, wie die Benützung der auf H. GRASSMANN zurückgehenden alternierenden Produkte, welche der Zweiseitigkeit unserer Flächen Rechnung tragen.

Damit gelingt es, quadratische Formen zu ersetzen durch Systeme alternierender Linearformen. Die damit beanspruchte nichtkommutative Algebra kam noch entschiedener zur Geltung, als es gelang, lokale Eigenschaften der Räume fester Krümmung, wie ihre freie Beweglichkeit, durch stetige Transformationsgruppen zu beschreiben. Hier muß der norwegische Mathematiker SOPHUS LIE genannt werden, der um 1890 in Leipzig als Mitglied der Sächsischen Akademie der Wissenschaften den Begriff des Gruppenkeimes zur Bearbeitung des Raumproblemes entwickelte. Mittels Integration über solche lokale Gruppenkeime ergibt sich die Möglichkeit, globale Eigenschaften RIEMANNscher Mannigfaltigkeiten festzustellen. Nach neueren Untersuchungen von H. FREUDENTHAL und J. TITS [2] erweitert sich die Liste derjenigen Transformationsgruppen, die freie Beweglichkeit einer Mannigfaltigkeit zulassen, wenn im algebraischen Unterbau hyperkomplexe Größen Verwendung finden. Dabei treten Spindarstellungen von Transformationsgruppen als neuartige Elemente neben die seit RIEMANN benutzten Tensoren des affinen Raumes; dies kann als Vorwegnahme moderner Gesichtspunkte der Quantenphysik gedeutet werden.

Damit haben wir versucht, einige Linien zu zeigen, die im Laufe eines Jahrhunderts sich aus RIEMANNS Nachlaß bedeutsam erwiesen und über die Interessen seines Faches hinaus anregend gewirkt haben.

Andererseits möge zum Abschluß der Mathematiker RIEMANN auch dort gewürdigt werden, wo die Anwendung seiner Ideen ferner zu liegen scheinen. In den Monatsheften der Berliner Akademie von 1859 erschien eine nur acht Seiten lange Mitteilung RIEMANNS mit der Überschrift: „Über die Anzahl der Primzahlen unter einer gegebenen Größe". Ausgehend von der eindeutigen Zerlegung natürlicher Zahlen in Produkte von Primzahlpotenzen $n = p^h$, stellt sich nach Vorgabe einer positiven Größe x die Frage nach der Anzahl $\pi(x)$ von Primzahlen $p < x$. Versucht wird, für große x die unstetige arithmetische Funktion $\pi(x)$ durch bekannte Funktionen anzunähern. Schon vor RIEMANN war die Existenz des Grenzwertes

$$\lim_{x\to\infty} \frac{\pi(x)\log x}{x} = 1 \tag{13}$$

vermutet worden. Durch Benutzung analytischer Hilfsmittel hat RIEMAN die entscheidende Vorarbeit zum Nachweis des „Primzahlsatzes" (13) geleistet. Es sei nach A. MÖBIUS durch die Festsetzung

$$\mu(1) = 1;\ \mu(p_1 p_2 \dots p_\nu) = (-1)^\nu,\ \ p_\varkappa \neq p_\lambda \text{ für } \ \chi \neq \lambda\ ;\ \mu(n) = 0 \text{ sonst;}$$

die Folge der Beiwerte einer DIRICHLETschen Reihe bestimmt, so wird

$$\Pi\,(1 - p^{-s}) = \sum_{0<n} n^{-s}\,\mu(n)\,,\quad 1 < \mathrm{Re}\,(s)\ ; \tag{14}$$

dann liefert (13) für die MÖBIUSschen Zahlen

$$\lim_{x\to\infty} \frac{1}{x} \sum_{l<x} \mu(l) = 0 .$$

Mit $1 < \mathrm{Re}\,(s)$ können die $\mu(n)$ ausgeschieden werden; (14) gibt durch

$$\sum_{0<n} n^{-s} = \Pi(1 - p^{-s})^{-1} = \zeta(s)$$

eine für $s \neq 1, \infty$ holomorphe Funktion, und diese genügt der Funktionalgleichung

$$\frac{\zeta(1-s)}{\zeta(s)} = \pi^{1/2-s} \frac{\Gamma\left(\frac{s}{2}\right)}{\Gamma\left(\frac{1-s}{2}\right)} ; \quad s \neq 0, -2, -4, \dots .$$

Nach (14), (15) liegen die nichtreellen Nullstellen dieser RIEMANNschen Zetafunktion im Vertikalstreifen $0 < \mathrm{Re}\,(s) < 1$. Die von RIEMANN ausgesprochene Vermutung, daß für jene Nullstellen sogar

$$\mathrm{Re}\,(s) = \frac{1}{2} \tag{15}$$

sei, konnte bisher weder bestätigt, noch widerlegt werden [3]. Nach Einführung der stückweise stetigen Restbildung

$$\pi(x) - \frac{x}{\log x} = \varrho(x) \tag{16}$$

hängt für große x das Wachstum von $\varrho(x)$ entscheidend von der Beantwortung der RIEMANNschen Vermutung (15) ab. Nur wenn (15) gilt, verkleinert sich für $x \to \infty$ das Restglied auf

$$\varrho(x) = O\left(x^{\frac{1}{2}+\varepsilon}\right), \quad \varepsilon > 0 ;$$

und bleibt damit wesentlich kleiner als die Beträge der anderen Summanden in (16).

Anläßlich des internationalen Mathematikerkongresses, welcher 1900 in Paris tagte, gab der Göttinger Altmeister DAVID HILBERT eine Aufstellung wichtiger mathematischer Probleme, die zu lösen noch nicht gelungen war. In den folgenden sieben Jahrzehnten konnten sehr viele der durch HILBERT aufgezählten Fragen geklärt werden. Die heute wie damals unbewiesene RIEMANNsche Vermutung bezeichnete HILBERT als die schwierigste Frage für die Mathematik seiner Zeit.

Soll man ein Wissensgebiet, das seine Probleme über Jahrhunderte hin spannt, dafür loben oder tadeln?

SCHRIFTTUM

[1] RIEMANN, B., Gesammelte Werke Bd. I, 2. Auflage, Leipzig 1892.

[2] Schriften der Forschungsreihe für Mathematik, Deutsche Akademie der Wissenschaften, Heft 1, Berlin 1957.

[3] MAIER/KIESEWETTER, Funktionalgleichungen mit analyt. Lösungen, DVW Berlin 1971.

SITZUNGSBERICHTE DER SÄCHSISCHEN AKADEMIE DER WISSENSCHAFTEN ZU LEIPZIG

MATHEMATISCH-NATURWISSENSCHAFTLICHE KLASSE

Band 107

Heft 1 Prof. Dr. Ott-Heinrich Keller, Die Homologiegruppen der Flächen 3. Ordnung 1965. 15 Seiten — 8° — M 2,30

Heft 2 Prof. Dr. Franz Runge, Grignard und die nach ihm benannte Synthese 1966. 17 Seiten — 3 Abbildungen — 8° — M 2,30

Heft 3 Prof. Dr. Karl Schmalfuss, Zur Kenntnis der Bodenbildung 1966. 13 Seiten — 4 Tabellen — 8° — M 1,40

Heft 4 Dr. Bodo Renschuch, Verallgemeinerungen des Bezoutschen Satzes 1966. 41 Seiten — 8° — M 4,50

Heft 5 Prof. Dr. med. Rolf Emmrich, Realität und Theorie des Alterns 1966. 20 Seiten — 9 Abbildungen — 8° — M 2,60

Heft 6 Prof. Dr. Wilhelm Maier, Nichteuklidische Volumina 1967. 20 Seiten — 16 Abbildungen — 8° — M 2,60

Heft 7 Dr. Lothar von Wolfersdorf, Zur Berechnung optimaler Strategien für Spiele über dem Einheitsquadrat mit an der Hauptdiagonalen unstetigen Auszahlungsfunktionen 1968. 53 Seiten — 8° — M 5,70

Band 108

Heft 1 Prof. Dr. Paul Görlich/Dipl.-Phys. Detlef Güldner/Dr. Hans-Joachim Pohl, „Elektronische Spektralmessung" mit steuerbaren Photovervielfachern 1967. 12 Seiten — 9 Abbildungen — 1 Tabelle — 8° — M 2,10

Heft 2 Prof. Dr. Manfred Gersch, Neuroendokrinologie der Insekten 1968. 33 Seiten — 12 Abbildungen — 1 Kunstdrucktafel — 8° — M 4,—

Heft 3 Prof. Dr. Hasso Essbach, Die Bedeutung der Morphologie in der Heilkunde 1968. 16 Seiten — 1 Textabb. — 13 Abb. auf 8 Kunstdrucktaf., davon 11 vierfarbig — 8° — M 12,80

Heft 4 Prof. Dr. Ott-Heinrich Keller, Über eine Definition von S. Lefschetz in der topologischen Schnitttheorie1969. 29 Seiten — 1 Abb. — 8° — M 4,20

Heft 5 Prof. Dr. Wolfgang Tutschke, Das Reziprozitätstheorem für eine Klasse pseudoholomorpher Funktionen mehrerer komplexer Variabler 1969. 19 Seiten — 8° — M 3,30

Heft 6 Prof. Dr. Walter Brednow, Von Lavater zu Darwin 1969. 31 Seiten — 14 Abbildungen im Anhang — 8° — M 5,50

Heft 7 Prof. Dr. Franz Runge, Organische Disulfimide in Wissenschaft und Technik 1970. 24 Seiten — 2 Abbildungen — 8° — M 3,60

Band 109

Heft 1 Prof. Dr. Erich Rammler, Über die Theorien der Braunkohlenbrikettentstehung. 1970. 38 Seiten — 13 Abb., davon 2 auf 2 Tafeln — 8° — M 4,—

Heft 2 Prof. Dr. Wolfgang Tutschke, Stammfunktionen komplexwertiger Funktionen 1970. 20 Seiten — 8° — M 3,70

Heft 3 Dr. habil. Günther Eisenreich, Zur Syzygientheorie und Theorie des inversen Systems perfekter Ideale und Vektormodule in Polynomringen und Stellenringen 1970. 88 Seiten — 8° — M 10,80

Heft 4 Prof. Dr. med. ROLF EMMRICH, Hochdruck und Hyperlipidämie (Hypercholesterinämie) als Risikofaktoren für die Entstehung der Arteriosklerosen 1971. 23 Seiten — 10 Abbildungen — 4 Tabellen — 8° — M 3,90

Heft 5 Prof. Dr. med. HANS DRISCHEL, Biologische Rhythmen 1972. 57 Seiten — 31 Abbildungen — 1 Tabelle — 8° — M 6,60 *(vergriffen)*

Heft 6 Prof. Dr.-Ing. Dr. h. c. KURT SCHWABE, Konzentrierte Elektrolytlösungen — Thermodynamische und kinetische Eigenschaften 1972. 49 Seiten — 27 Abbildungen — 2 Tabellen — 8° — M 7,50

Heft 7 Prof. Dr. WOLFGANG TUTSCHKE, Konstruktion von globalen Lösungen mit vorgeschriebenen Singularitäten bei partiellen komplexen Differentialgleichungssystemen 1972. 24 Seiten — 8° — M 4,50

Band 110

Heft 1 Prof. Dr. Dr. h.c. PAUL GÖRLICH, Über die Laser und ihre Anwendung 1972. 24 Seiten — 8° — M 2,30 *(vergriffen)*

Heft 2 Prof. Dr. HASSO ESSBACH, Zum Problem der Tumoren im Kindesalter 1972. 24 Seiten — 11 Abbildungen auf 10 Kunstdrucktafeln — 8° — M 6,—

Heft 3 Prof. Dr. med. WALTER BREDNOW, Zur Anthropologie des Schwindels 1973. 17 Seiten — 2 Abbildungen auf 2 Kunstdrucktafeln — 8° — M 2,50

Heft 4 Prof. Dr. h.c. PAUL GÖRLICH, Betrachtungen über den Wissenschaftlichen Gerätebau 1972. 39 Seiten — 8° — M 3,—

Heft 5 Prof. Dr. ERICH RAMMLER, Einige Betrachtungen über Erdgas 1974. 43 Seiten — 8 Abbildungen — 3 Tabellen — 8° — M 4,50

Heft 6 Prof. Dr. GUSTUV E. R. SCHULZE, Zur Rolle des Einfachheitsprinzips im physikalischen Weltbild 1974. 23 Seiten — 4 Abbildungen — 8° — M 2,50

Heft 7 Prof. Dr. med. ROLF EMMRICH, Zwischen Leben und Tod. Ärztliche Probleme der Thanatologie 1974. 22 Seiten — 2 Abbildungen — 4 Tabellen — 8° — M 3,50

Band 111

Heft 1 Prof. Dr. WILHELM MAIER, Vom Erbe Bernhard Riemanns *(Vorliegendes Heft)*

Heft 2 Prof. Dr. med. HANS DRISCHEL, Organismus und geophysikalische Umwelt *(In Vorbereitung)*

Heft 3 Prof. Dr. MARIA HASSE, Zum Begriff des allgemeinen Produkts von Kategorien *(In Vorbereitung)*

Heft 4 Prof. Dr.-Ing. Dr. h. c. KURT SCHWABE, Analytische Probleme des Umweltschutzes *(In Vorbereitung)*

Heft 5 Prof. Dr. WOLFGANG BUCHHEIM, Die kopernikanische Wende und das Problem der Gravitation *(In Vorbereitung)*

Einzel- oder Fortsetzungsbestellungen durch eine Buchhandlung erbeten

Sitzungsberichte bis Band 106 durch das Zentralantiquariat der Deutschen Demokratischen Republik, Leipzig, ab Band 107 durch den Akademie-Verlag, Berlin, zum Teil noch lieferbar

AKADEMIE-VERLAG
DDR-108 Berlin, Leipziger Str. 3—4

FSC
www.fsc.org
MIX
Papier | Fördert
gute Waldnutzung
FSC® C083411

Kolibri 360 GmbH
Ferdinand-Jühlke-Straße 7
99095 Erfurt, Deutschland
produktsicherheit@kolibri360.de